AF358039

NOTICE

SUR

TROIS LÉPIDOPTÈRES

INÉDITS OU PEU CONNUS,

DU MIDI DE LA FRANCE;

Par M. Adrien-Prudent DE VILLIERS,

Naturaliste à Montpellier, Correspondant de la Société Linnéenne
de Paris.

PARIS,

AU SECRÉTARIAT DE LA SOCIÉTÉ LINNÉENNE,

RUE DES SAINTS-PÈRES, N° 46.

1826.

Extrait des *Annales Linnéennes pour* 1826.

On souscrit à Paris, au bureau de la Société, rue des Saints-Pères, n° 46. Prix : 20 fr. pour Paris, 24 fr. pour les départemens, et 30 fr. pour l'étranger, franc de port.

PARIS, IMPRIMERIE DE DECOURCHANT,
Rue d'Erfurth, n° 1, près l'Abbaye.

NOTICE

SUR

TROIS LÉPIDOPTÈRES INÉDITS.

LORSQUE l'on considère la grande quantité d'insectes nouveaux que l'observateur découvre pour ainsi dire chaque jour, on cesse d'être surpris de voir le plus grand des naturalistes, LINNÉ, dire que le nombre des insectes est infiniment plus considérable que celui des végétaux. En effet, il n'est presque point de végétal qui n'en nourrisse un; il est même une infinité de plantes qui servent de pâture à un nombre souvent fort considérable d'insectes. La plupart échappent à nos regards à cause de leur petitesse; les uns, en raison de la vivacité de leurs mouvemens, mettent en défaut l'investigation la plus active; les autres, protégés par les ténèbres qui déterminent leurs courses, semblent défier nos laborieuses recherches. Parmi ces derniers, le midi de la France possède plusieurs lépidoptères nocturnes fort intéressans que nous avons eu le bonheur de saisir, et dont nous nous empressons de faire connaître quelques-uns, en attendant le travail que nous avons entrepris depuis long-temps, de concert avec notre illustre maître M. le professeur MARCEL DE SERRES, sur les lépidoptères inédits ou peu connus des régions méridionales que nous habitons.

Nous donnons aujourd'hui la description de trois
espèces curieuses sur lesquelles nous désirons fixer
l'attention des entomologistes, savoir : la *Stygia australis*, le *Bombyx limosa* et la *Geometra jourdanaria*.
Nous commençons par celle de la *Stygia australis*,
genre intéressant, dont nous devons la découverte à
DRAPARNAUD, qui s'est occupé avec tant d'éclat de
l'histoire naturelle du midi de la France.

I. — *Stygia australis.*

Ce genre fait partie de la famille des crépusculaires
de M. LATREILLE, et de la seconde tribu de cette famille. Nous remarquerons, en passant, que ces noms
de *crépusculaires*, de *diurnes* et de *nocturnes*, par
lesquels l'on désigne les grandes familles de lépidoptères, ne sont pas toujours employés dans leur sens
littéral ou dans leur acception ordinaire; car, par
exemple, la *Stygia australis* vole le jour comme les
diurnes; et, en effet, l'heure la plus favorable pour
prendre cet insecte est vers les dix heures du matin,
dans les lieux les plus chauds et dans les bas-fonds.

STYGIA australis DRAPARNAUD (*Bulletin de la
Société d'hist. nat. de Montpellier*); LATREILLE, *Gener.
ins.*, IV, 215, tab. 16, fig. 4 et 5; GODART, *Papill. de
la France*, planche 22, fig. 19. — *Bombyx terrebel-
lum* HUBNER, *Bombyx*, tab. 57, fig. 244.

Quoique cette espèce ait été déjà figurée à plusieurs
reprises, nous croyons utile d'en donner une nouvelle,
celles connues n'étant pas très-exactes. M. LATREILLE
en a publié deux, l'une en noir, et l'autre représen-
tant ce lépidoptère les ailes ployées, ce qui n'offre
qu'une idée imparfaite et de l'individu en particulier,

et du genre qu'il constitue. Le dessin de Hubner, quoique colorié, n'est point meilleur ; la tache blanche qui se trouve au milieu de l'aile inférieure est figurée arrondie, tandis qu'elle est triangulaire ; disons mieux, c'est un carré très-imparfait, ou, si l'on aime mieux, un ovale très-alongé. La figure de Godart est si mauvaise que l'on a de la peine à reconnaître la femelle de cette espèce : les antennes y sont d'une grosseur trop forte, le corps trop alongé, et les nuances de la robe ne sont pas celle de la stygie femelle.

Description. — *Minor. Capite thorace antennisque brunneo-flavescentibus. Abdomine, oculis pedibusque nigris ; alis anticis oblongo-rotundatis griseo-flavidis vel brunneis, punctis nigris numerosis sparsis. Alis posticis brevioribus, rotundatis, nigris macula magna alba quadrangulari, vel ovali irregulari, subtus antennis palpisque flavidis ; corpore oculisque nigris, abdominis lateribus fimbriatis ut suprà, alis anticis brunneo-flavescentibus vel brunneis, punctis nigris minutis variegatis. Posticis macula magna alba quadrangulari vel ovali irregulari ; ano barbato, tibiæ posticæ spinis calcaribusque valdè distinctis.*

La *Stygia australis*, par la brièveté de ses ailes et de ses antennes, se rapproche des sphinx et des bombyx ; sa place naturelle est dans la famille des zygénides, entre les sésies et zygènes, ou les sous-genres qui en ont été démembrés. Les antennes sont en peignes, assez renflées, peu alongées, et surtout plus courtes que dans les véritables zygènes, ce que l'on ne supposerait pas d'après la figure de Godart ; les palpes épais, cylindriques, écailleux, atteignant à peine au delà du chaperon ; les jambes postérieures sont armées d'éperons. Cet insecte a une langue si courte, et si peu apparente, qu'on en supposerait difficilement l'existence ; l'abdomen est couvert de chaque côté de plusieurs rangées de poils noirs qui le rendent comme denticulé ; l'anus, également couvert des mêmes poils, est très-barbu.

Les ailes antérieures, d'un jaune brunâtre, ou d'un gris-brun, variées de plusieurs taches brunes ou noires, sont très-courtes, étroites et presque triangulaires. Les inférieures sont plus arrondies, surtout dans le mâle ; leur couleur est noire, à l'exception d'une grande tache quadrangulaire, blanche ou jaunâtre, qui se trouve dans le milieu ; les antennes, la tête et le corcelet sont d'un jaune-brun, tandis que la nuance des yeux, des pates et de l'abdomen, tire sur le noir. En dessous, la couleur des ailes supérieures est moins jaunâtre, et les points y sont plus nombreux et plus petits. La couleur des ailes inférieures est au contraire d'un noir moins foncé qu'en dessus ; aussi la tache médiane y paraît moins brillante. Le corps, les pates et les yeux sont entièrement noirs en dessous ; il n'y a que les antennes et la tête qui conservent la teinte d'un brun-jaunâtre qu'on leur voit en dessus.

Il est à remarquer que le corps a dans cette espèce une assez grande épaisseur, soit dans les mâles, soit dans les femelles. Sa longueur est de 15 millimètres dans la femelle, 10 millimètres seulement dans le mâle. L'envergure des ailes supérieures va de 23 à 24 millimètres dans la femelle, de 19 à 20 dans le mâle. Leur largeur, à l'extrémité, est de 5 à 6 millimètres ; la longueur, à leur base, est de un et demi à 2 millimètres.

Cette espèce se trouve dans les lieux arides des environs de Montpellier, pendant les mois les plus chauds de l'année, c'est-à-dire en juin, juillet et août; elle vole non-seulement au déclin du jour, mais encore lorsque le soleil brille de tout son éclat; son vol est droit et rapide, mais peu élevé; lorsqu'un obstacle l'oblige alors à faire un crochet, c'est presque toujours en formant un angle droit avec son premier but, qu'elle se dirige de nouveau.

Ainsi qu'on le voit, ce genre est loin de pouvoir être compris parmi les lépidoptères nocturnes : il peut tout au plus être rangé parmi les crépusculaires, car il est tout-à-fait diurne par ses habitudes; mais comme les distinctions entre les diurnes, les nocturnes et les crépusculaires, sont uniquement fondées sur l'organisation, il doit rester dans la famille des crépusculaires, se rapprochant, par ses caractères, plus des lépidoptères de cette grande famille que des diurnes.

La stygie est une espèce qui paraît se trouver dans tout le midi de la France; du moins nous l'avons rencontrée depuis Montpellier jusqu'aux frontières de l'Espagne; il est possible qu'elle franchisse les Pyrénées et qu'elle se trouve dans la péninsule. D'autres naturalistes l'ont prise près de Castelnaudary; mais c'est dans le département des Pyrénées orientales où la stygie abonde le plus, surtout aux environs de Perpignan, de Collioure, de Portvendre et même d'Ille; on l'y voit toujours voler dans le moment le plus chaud du jour et dans les bas-fonds. L'heure la plus favorable pour la saisir est, comme je l'ai déjà dit, vers les dix heures du matin, dans les mois de juillet et d'août; les fleurs de scabieuses semblent particulièrement l'attirer.

Après avoir décrit les caractères généraux de cet insecte, disons un mot des caractères propres aux deux sexes, et nous ferons connaître ensuite ceux qui leur sont particuliers. Leurs caractères communs sont d'avoir des palpes épais, cylindriques, obtus, s'élevant au-delà du chaperon, entièrement garnis d'écailles, et des ergots forts et aigus à l'extrémité des jambes supérieures. Les deux sexes ont les antennes pectinées des deux côtés, à peignes simples, courts, épais et forts. L'anus est également barbu dans es deux sexes, mais la brosse du mâle est plus épaisse, plus élargie et plus fournie de poils alongés.

Le mâle de la stygie se distingue de la femelle par sa plus petite taille, ses ailes qui sont moins alongées, ses couleurs plus sombres, et enfin par la plus grande étendue de la tache blanche de ses ailes postérieures. Dans la femelle, cette tache est une espèce de lunule quadrangulaire qui ne s'étend pas jusqu'à la base des ailes, tandis que c'est tout le contraire dans le mâle. Les antennes de celui-ci sont plus courtes que celles de la femelle.

Les métamorphoses de la stygie nous sont encore inconnues, quoique nous ayons été à même d'observer sa chenille, dont nous offrons un dessin exact (*voyez* planche XI, fig. 1, *d*). On y verra que, à l'exemple des larves des hépiales et des cossus, cette chenille se loge dans l'intérieur des branches d'arbres, où de chrysalide elle passe à l'état d'insecte parfait; elle est fort délicate et d'une éducation difficile. En voici la description :

Corpore elongato albido undecim vel duodecim articulis compositis. Capite thoraceque fulvo brunneo, maxillis oculisque nigris. Pedibus anticis sex, posticis octo, omnibus brevidus, anticis elongatis posticis crassioribus.

La chenille est petite, cylindrique, offrant six pates antérieures et huit postérieures. Celles-ci sont épaisses et comme mamelonnées, tandis que les antérieures sont alongées et terminées par un petit crochet. Le corps est composé de onze ou douze anneaux, dont les plus larges se trouvent dans le milieu du corps. La tête et le corcelet sont composés d'une peau épaisse et roussâtre, tandis que les mâchoires et les yeux sont d'un noir vif; tout le reste du corps est d'un blanc sale.

La seule larve du *Stygia* que nous ayons eu l'occasion d'étudier provenait d'un œuf que M. Dumas avait obtenu d'une femelle de cette espèce. Dès sa naissance, on lui présenta un grand nombre de végétaux. Elle se fixa sur une petite branche de mûrier ordinaire *(Morus alba)* dans laquelle elle se logea, et où probablement elle aurait fait sa chrysalide, si elle n'avait pas été dérangée. Dès qu'elle se vit troublée elle cessa de manger, ne continua plus à creuser sa branche de mûrier où elle s'était logée, en sorte qu'elle tarda peu à succomber. Cet exemple prouve combien il faut être scrupuleux dans l'éducation de certaines chenilles, et les précautions qu'il faut prendre pour les faire réussir. Les espèces robustes résistent à tout sans inconvénient, aussi sont-elles très-multipliées. La rareté de la stygie, dans les lieux où elle a été découverte, est une preuve que sa larve est des plus délicates à élever et des plus difficiles à obtenir.

Nous ferons observer enfin que dans son premier âge cette chenille offre une nuance rosée assez prononcée, qui s'efface par degrés, à mesure qu'elle se développe.

Le nombre d'œufs que pondent les femelles ne paraît pas aller au-delà de vingt à vingt-cinq. Ils sont d'une très-petite dimension, fortement cannelés et comme à côtes de melons.

II. — *Bombyx limosa.*

Espèce de nocturne du genre bombyx de LATREILLE et de HUBNER, genre que LINNÉ avait également adopté dans les coupes de sa grande tribu des phalènes, qui comprenait la plus grande partie des lépidoptères nocturnes.

Notre bombyx appartient à la division des bombyx qui ont les ailes horizontales, et les antennes du mâle bipectinées. Il est probable, d'après ces caractères, que la chenille offre seize pates, mais nous manquons d'observations précises à cet égard.

BOMBYX limosa MARCEL DE SERRES ♂.
Alis anticis griseis lineolis nigris flexuosis dupliciter impressis, intus maculis albis magnis elongatis nervis brunneis divisis. Alis posticis rotundatis, griseis brunneis ad marginem internum. Antennis griseis dupliciter vel simpliciter pectinatis deflexis elongatis. Capite thoraceque griseis, abdomine brunneo. Oculis nigris; subtus alis anticis griseis; lineis maculisque irregularibus nigrescentibus. Posticis griseis nervisque brunneis. Capite thoraceque fusco; abdomine pallidiore. Pedibus nigrescentibus annulis griseis. Ano nigro.

Ce bombyx est de la même petite famille que les *Bombyx terrifica* et *fagi* décrits et figurés par GODART et HUBNER. Il ne paraît pas avoir le moindre rapport avec aucune espèce décrite, aussi le croyons-nous en-

tièrement nouveau, devant être placé à côté des *Bom-*
byx fagi, milhauzeri ou *terrifica* des auteurs.

Les ailes supérieures, d'une forme alongée, offrent
une nuance grisâtre assez uniforme vers le bord anté-
rieur et externe; mais la plus grande partie des ailes
est occupée par de larges bandes ou taches d'un blanc
très-prononcé, lesquelles taches sont séparées par des
nervures brunes et comme entourées par des lignes
sinueuses, irrégulières et noirâtres. Les ailes inférieures, arrondies, ont une nuance grisâtre beaucoup
plus uniforme; elles offrent seulement quelques nervures brunes fortement espacées, et vers le bord interne et leur base une bande ou tache noirâtre,
avec quelques légers reflets de jaune. Les antennes
sont doublement pectinées dans les mâles et simple-
ment dans les femelles, grisâtres, à l'exception de
leur canon ou pédoncule des peignes qui est d'une
nuance noirâtre très-prononcée. La tête et le corcelet
sont grisâtres, mais l'abdomen offre une nuance un
peu plus foncée, et comme brune dans le mâle, tandis
qu'elle est d'un gris clair dans la femelle. En dessous,
les nuances des ailes sont plus uniformes; les supérieures sont d'un gris varié par des bandes ou des taches noirâtres; les ailes inférieures ont la même nuance. La tête et le corps sont d'un gris sombre : cette
nuance s'éclaircit un peu vers l'abdomen. Les pieds
sont noirs, avec des taches comme annulaires d'un
gris brunâtre.

Longueur du corps dans le mâle, 23 millimètres;
dans les femelles, 28 millimètres. Envergure des ailes
supérieures dans les mâles, 47 millimètres, et dans les
femelles, 63 à 64 millimètres. Leur largeur, au bord
externe, est de 12 millimètres dans les mâles, et 14 mil-

limètres dans les femelles; leur largeur à la base est seulement de 4 à 5 millimètres dans les deux sexes.

Le mâle diffère de la femelle par les antennes à double peigne, ce qui les rend beaucoup plus larges; par ses ailes moins alongées, par son corps plus court et moins gros, dont les nuances sont plus foncées. La femelle offre également sur le milieu du corcelet une ligne noire très-prononcée. Cette ligne est moins apparente dans le mâle.

Celui-ci a été trouvé dans les environs de Montpellier par M. Jourdan, où il paraît principalement au mois de juin. Depuis, nous avons nous-mêmes trouvé la femelle, en sorte que l'espèce est établie sur la connaissance des deux sexes. Nous ne pouvons rien dire encore sur ses métamorphoses, n'ayant pas eu l'occasion d'en rencontrer la chenille.

III. — *Geometra jourdanaria.*

Linné, qui, dans toutes les parties de l'histoire naturelle, a porté si loin les plus justes aperçus, a fixé, pour les insectes, les principaux caractères au moyen desquels on peut rapprocher leurs diverses espèces de cette grande classe des animaux invertébrés. Aussi les coupes par lui faites, dans les différens genres de lépidoptères, sont-elles aussi naturelles que profondément étudiées : ceux qui lui ont succédé n'ont que le mérite de les avoir étendues. Son grand genre *Phalœna*, par exemple, est parfaitement établi; nous en avons la preuve dans les *Geometræ* dont fait partie la belle espèce du Midi de la France que M. Marcel de Serres a fait connaître le premier. Le nom de *Géomètre* a été donné à ce genre, parce que les chenilles qui lui appartiennent sont arpenteuses, et qu'elles ont, en quelque sorte, l'air de mesurer le terrain qu'elles parcourent.

FABRICIUS ne leur a point conservé le nom que son maître et son ami leur avait imposé comme coupe, mais il a eu le bon esprit de les conserver dans la tribu des phalènes. C'est en effet, dans son genre *Phalœna* que doit être placée notre *Geometra jourdanaria*, puisqu'elle offre des palpes cylindriques avec une langue alongée et membraneuse. Comme le mâle présente ses antennes pectinées, il s'ensuit qu'elle vient naturellement se placer dans la division du genre qui a ce caractère.

Notre géomètre doit être également comprise dans la cinquième tribu des lépidoptères nocturnes de M. LA-TREILLE et dans le genre *Phalœna* de ce grand ento-mologiste. Elle appartient à la division de ce genre dont les chenilles ont dix pates, et dont les insectes parfaits offrent un corps grêle, des palpes peu velues, avec des ailes étendues, sans dents ni angles remar-quables à leur bord postérieur. Sans doute nous au-rions désiré pouvoir conserver le nom de *Phalœna* à notre géomètre, mais il nous a paru que, puisque LINNÉ avait donné le premier le nom de *Geometra* aux es-pèces de ce genre, il convenait de le leur conserver, depuis surtout que HUBNER en a figuré un si grand nombre, parmi lesquelles, soit dit en passant, cet ico-nographe a quelquefois, comme espèces distinctes, figuré des mâles et des femelles d'espèces absolument identiques.

GEOMETRA jourdanaria MARCEL DE SERRES ♂.
Thorace grisco obscuro; corpore pallido, alis anticis fusco-griseis, lincis longitudinalibus albis, flexuosis

arcuatisque versus marginem. Puncto nigro ferè in dimidio alarum. Alæ posticæ argentato-albidæ. Antennis in marem dupliciter pectinatis. Simplicibus in fœminam.

Cette belle espèce se fait remarquer par les lignes ovales et sinueuses d'un blanc nacré qui se trouvent vers le bord externe des ailes supérieures et les lignes longitudinales de la même couleur qui s'étendent de ce bord externe à la base des ailes. Comme ces lignes, d'un beau blanc, se trouvent sur un fonds gris noirâtre, elles ont un éclat tout particulier. Les ailes postérieures ou inférieures sont d'un blanc grisâtre assez éclatant; à peine vers leur bord inférieur ou interne y voit-on un trait léger d'une couleur plus foncée que le reste des ailes.

Envergure des ailes supérieures, 38 à 39 millimètres; longueur du corps, 15 à 16 millimètres; largeur des ailes supérieures à leur bord externe, de 10 à 11 millimètres; à leur base, 1 à 2 millimètres. (Les deux sexes ne diffèrent point sous le rapport des dimensions.)

Nous avons consacré cette belle espèce à M. JOURDAN, entomologiste plein de zèle, qui l'a trouvée dans les environs de Montpellier, depuis le 6 septembre jusqu'au milieu d'octobre. Elle se tient principalement dans les lieux incultes, connus dans le Midi de la France sous le nom de *Garrigues*. L'heure la plus favorable pour la prendre est vers les huit heures du matin. On la rencontre posée au milieu des plantes, dans les lieux les plus ombragés, sous lesquels elle s'enfonce à mesure que la chaleur se fait sentir; elle fuit les rayons du soleil.

La larve vit sur le *Dorichnium monspeliense*, ce qui annonce que la *Geometra* est tout-à-fait méridionale, pouvant servir à caractériser les animaux qui vivent sous la bande isotherme de 15°.

Cette chenille arpenteuse, d'une forme alongée et d'une couleur d'un vert brunâtre, sombre, offre six pates très-courtes, situées vers les premiers anneaux, et quatre placées tout-à-fait à l'extrémité du corps. Chaque anneau offre quatre bandes blanches, avec un point noir arrondi, disposé sur les côtés des anneaux. Le dernier anneau présente une queue conique extrêmement courte qui recouvre l'anus. Comme les larves des géomètres, cette chenille se tient fixée sur les plantes, à l'aide des quatre pates charnues qu'elle offre à l'extrémité de son abdomen. Ainsi relevée, et presque droite, elle a en quelque sorte l'air d'être en prière, position que nous nous sommes efforcés de faire bien connaître dans nos deux figures. Ce caractère, du reste, est commun à un grand nombre de chenilles arpenteuses.

La *Geometra jourdanaria* pond de vingt-cinq à trente œufs, qu'elle fixe avec soin sur les plantes, en formant comme des espèces de chapelets collés les uns aux autres par leur base. Ils sont petits, d'un vert très-brillant; leur base est d'un blanc éclatant, avec un point noirâtre très-distinct au centre. Leur forme est celle d'un ovale-alongé, dont une des extrémités est fort aiguë et l'autre aplatie.

Le mâle diffère de la femelle par ses antennes doublement pectinées, dont la tige qui supporte les peignes est d'un blanc brillant, tandis que les peignes sont jaunâtres. Les ailes supérieures sont d'un brun noirâtre, plus sombre dans les mâles que dans les femelles, et par suite, les bandes flexueuses paraissent d'un blanc argentin plus brillant. L'abdomen est également moins gros dans les mâles que dans les femelles; il est cylindrique, avec une brosse très-distincte à l'anus.

EXPLICATION DES FIGURES 1, 2 ET 3 DE LA PLANCHE.

I. — *Stygia australis.*

   a. Le mâle.
   b. Femelle vue en dessus.
   c. La même, vue en dessous.
   d. Sa larve.

II. — *Bombyx limosa.*

   e. Mâle vu en dessus.
   f. Le même, vu en dessous.
   g. La femelle.

III. — *Geometra jourdanaria.*

   h. Femelle vue en dessus.
   i. La même, vue en dessous.
   j. Le mâle.
   k. Sa larve.
   l. Antennes grossies, vues de profil.
   m. Les mêmes, vues de face.
   n. Pate grossie.

   1. Palpes vus de profil.
   2. Les mêmes, vus de face.
   3. Place de la trompe qui est nulle.

A l'exception des trois dernières grossies, toutes ces figures sont de grandeur naturelle.

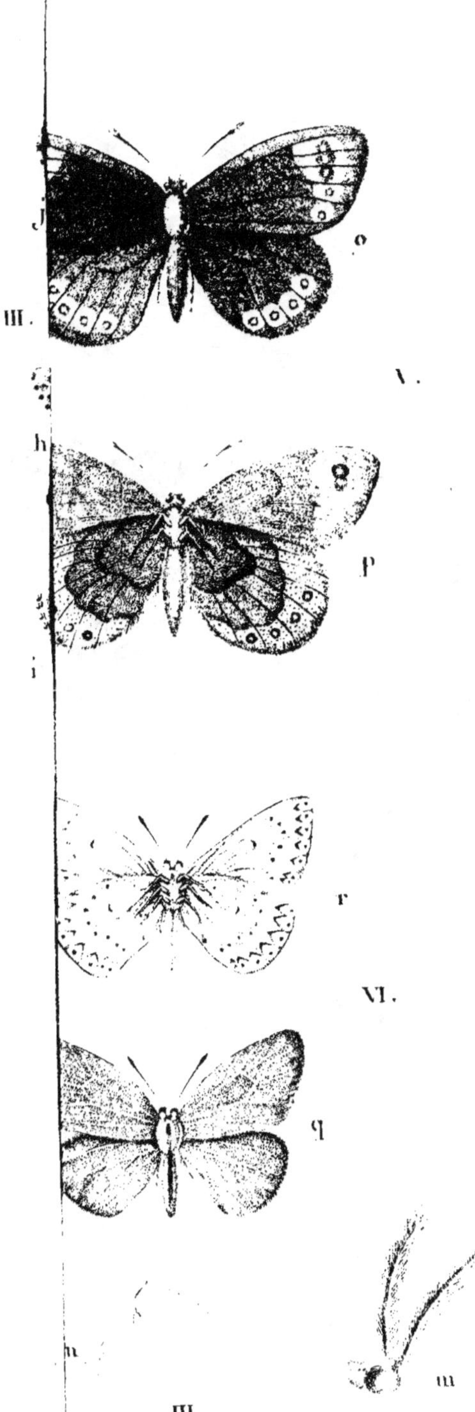

III.

V.

VI.

III.

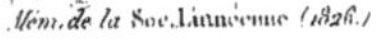

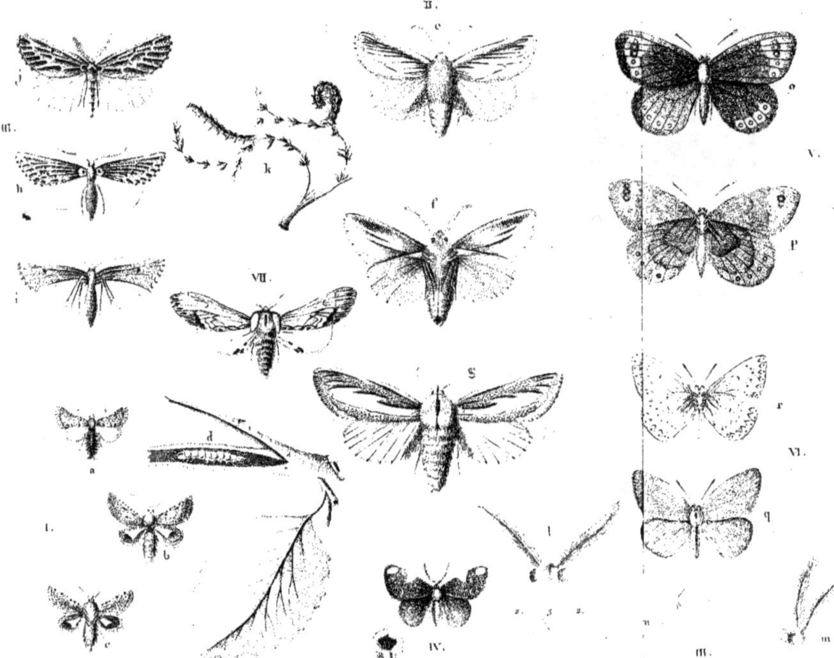

LÉPIDOPTÈRES Inédits.

P. et E. Duméril et Lefébure, del.   Chaillu, Sculp.